我的家在中國・民族之旅 ③

U0105827

抗拒不了的舌尖誘惑 民族飲食

檀傳寶◎主編　班建武◎編著

中華教育

目錄

在中國，不分民族，不分老少，人們都對美食懷有一份熱情。獨具魅力的民族美食，走向了全國，走向了世界。

「主食」的門道

我們常說的「主食」是指餐桌上的主要食品，也就是稻米、小麥等穀類食品。在這裏說到的「主食」，除了指糧食類食品，還指各民族朋友在日常生活中喜歡的食品。

大米變形記

大米是長江以南大部分人的日常主食。我國各族人民都喜歡將米加工成各類美食，來豐富我們的餐桌。

桂林米粉甲天下

廣西壯族自治區的桂林市，不僅以它秀美的風景聞名於大江南北，而且通過一種當地隨處可見的小吃而紅遍全國。

桂林米粉

桂林米粉是將上好的大米磨成漿，裝袋濾乾，搓成粉糰煮熟後壓榨成圓根或片狀即成。圓的稱米粉，片狀的稱切粉，統稱米粉，其特點是潔白、細嫩、軟滑、爽口。

桂林米粉根據配料和做法不同，可以分為牛腩粉、三鮮粉、鹵菜粉、酸辣粉等。

桂林米粉的歷史可以追溯至秦代。相傳，那時秦始皇為開通靈渠，派兵屯於嶺南地區。來自北方的士兵吃不慣南方的米飯，於是軍隊裏的伙夫就仿照北方麵條的樣子將大米加工成「麵條」，一解士兵們的思鄉苦。

我們常聽說的雲南過橋米線與桂林米粉有甚麼不同呢？

其實，米線和米粉在原料上沒有不同，它們都是大米製品。但它們的做法略有不同。一般而言，過橋米線是先端出熱騰騰的湯，然後用湯燙熟米線。而桂林米粉則是在已經用水煮熟的米粉上加上配料。

雲南過橋米線

過橋米線用肥雞將湯熬製到清澈透亮，盛入大碗，將雞脯、裏脊肉、肝、腰花、鮮魚等切成薄片，擺入小碟。進餐時，以砂鍋或大湯碗盛湯，加胡椒、熟雞油。湯滾油厚，不冒一絲熱氣。湯上桌後，將鴿蛋磕入碗內，然後將肉片放入湯中，輕輕一攪，霎時變得雪白、細嫩。然後再放入鮮菜、米線，配上辣椒油、芝麻油等，便可食用。

糯米的七十二變

侗族以種植水稻為主，尤其善於種植糯米。侗族人喜歡用糯米製成各種各樣的食物。

變圓：糯米飯糰

侗族人善於製作各種糯米飯糰。他們將糯米泡上一夜，等到糯米浸透泡軟，舀入木甑用大火蒸熟。他們將蒸熟後的糯米飯捏成飯糰模樣，然後將酸魚或酸菜夾在飯糰裏吃。

變扁：糯米糍粑

糯米糍粑是侗族人最喜愛的食品之一。製作糍粑時，他們先把煮熟的糯米放入石槽搗碎成泥狀，接着用木棒打實，打實的糯米這時已經變成一團，然後用手捏成一個個餅的模樣，再放到院子裏曬乾。糍粑的品種因為加入的餡不同而不一樣，例如可加入肉餡、豆蓉、蓮蓉、芝麻、桂花糖等餡。

▲ 糯米飯糰

▲ 糯米糍粑

變成酒：糯米酒

糯米酒，在侗族人居住地被稱為「土茅台」。糯米酒的釀製工藝簡單，釀製出來的糯米酒口感香甜醇美。他們認為，各種糯米食品、醃製好的酸魚或酸肉，配上糯米酒，就是最上等的美食了。糯米酒的酒釀還可以用來烹煮各種食品。

▲ 酒釀丸子

麵包「巨人」

北方的很多少數民族也是以麵食作為主食，比如生活在北方的俄羅斯族喜歡吃一種體積巨大的麵食——大列巴。

大列巴就是大麵包（列巴是俄語「麵包」的音譯），這種麵包巨大，比普通的盤子還要大。大列巴為圓形，標準直徑在 23 ～ 26 厘米之間，厚度也在 16 厘米以上，大約有 2 公斤重，被人笑稱為「鍋蓋」。

我比普通麵包大五倍。

大列巴以麵粉、酒花、食鹽為主要原料，外皮焦脆，內瓤鬆軟，香味獨特，又宜存放，是老少皆宜的方便食品。

大列巴有很多種吃法。可以吃甜的，切成片，烘熱後，抹上果醬，夾上奶酪。也可以吃鹹的，在麵包中夾上火腿或當地有名的哈爾濱紅腸。

大列巴的來歷

大列巴本來是俄國人的傳統主食。過去，俄羅斯每個農莊只有一個麵包爐，各個家庭都要到麵包爐定期烤麵包。他們平時只吃家裏儲存的麵包，因此每次烤的麵包都特別大。久而久之，這就成了當地人製作麵包的習俗。

1898 年，俄國人在中國修建中東鐵路。隨着中東鐵路的修建，俄國人大量湧進哈爾濱。為了滿足他們傳統的衣食住行需要，俄國人創設了麵包房，生產大列巴等傳統食品。1953 年，中國政府接管哈爾濱，蘇聯師傅手把手地把麵包製作工藝教給了中國師傅。

就這樣，大列巴不僅是俄羅斯族的專有食品，而且也成了東北地區各族人民的日常麵食。

東邊的大列巴 vs 西邊的饟

　　大列巴和饟都是我國東北和西北民眾深深喜愛的食品。

　　我國西漢時期國勢強盛，漢武帝劉徹多次派遣張騫出使西域，並開闢了舉世聞名的「絲綢之路」，在貿易上與西域互通有無。其中胡餅就是這樣傳入內地的。它是用麵粉做成圓餅，上面撒上胡麻（芝麻），在爐膛裏烘烤而成。這種胡餅就是我國西北地區少數民族最為熟悉的「饟」。

▼ 新疆傳統食物──饟

「白食」崇拜

　　我們俗稱的吃「白食」，往往是指一些人依靠他人生活，自己不勞而獲，是一種貶義的說法。但是，對蒙古族人來說，他們往往會高興地告訴別人：我們喜歡吃「白食」！

　　原來白食是蒙古族對奶製品的統稱，蒙語稱「查干伊德」。蒙古族人離不開「白食」，他們在家中迎客時一定會準備奶宴。

　　現在，就讓我們一起走進蒙古包，去參加他們的「白色宴席」吧！

　　可不要以為蒙古族只有牛、羊這兩種奶源。馬、駱駝等牲畜也同樣是豐富的奶源。除了來源廣泛，各種奶製品的味道也不盡相同：酸、甜、鹹、香。不同的種類，不同的味道，你總能在其中找到喜歡的那一種！

▼蒙古族的「白色宴席」

蒙古族為甚麼喜歡吃「白食」呢？

以下幾個答案或許能夠解開我們心中的疑惑：

(1) 因為生活在大草原上，牲畜是他們的主要食物來源。

(2) 因為奶製品中含有蛋白質、維生素、糖及人體必需的氨基酸，酸奶中含有的乳酸還具有抗癌的作用。

……

蒙古族為甚麼有白色崇拜？

宗教信仰：蒙古族最早信奉薩滿教，而薩滿教尚白，將白鳥視為吉祥物。

圖騰崇拜：蒙古族人認為，自然界由天 (騰格里) 來主宰，而天體是白色的，星星、月亮發白光，雲朵也是白色的，因而白色在蒙古族有崇高的地位。

飲食習慣：民以食為天，逐水草而居的蒙古族人長期食用奶和奶製品，所以他們對於奶製品有自己獨特的理解和深厚的情感。

著名的蒙古族詩人巴·布林貝赫以一首小詩表達了蒙古族人對白色、對乳製品的深厚情感：

我們對心裏的愛，
用乳來表示；
我們對自由和解放，
用乳作獻禮；
我們對健康和興旺，
用乳來象徵；
我們對未來的幸福，
用乳來祝賀。

蒙古族的紅食

蒙古族的飲食習慣是先白後紅。白指白食，即乳和乳製品；紅指紅食，即肉和肉製品。蒙古族的肉類食品主要是牛肉、綿羊肉，其次為山羊肉、駱駝肉等。

「羊」大為美

「美」字由上下兩個部分組成，上面是「羊」，下面是「大」。《說文解字》中做出了這樣的解釋：「美，甘也。从羊从大。」這也就是我們平時說的羊大為美，因為在許多遊牧民族看來，羊只有大的才是美的。

羊肉是遊牧民族餐桌上不可或缺的食物。對於他們而言，羊肉是重要的美食。

手抓羊肉

許多民族都有「手抓羊肉」這道菜。做法是將肥嫩的綿羊剝皮去內臟，去頭蹄，然後將羊肉大卸八塊，放入白水中清煮。將煮熟後的羊肉放到大盤上，任由大家用手撕扯或用刀割着吃。

羊蠍子火鍋

羊蠍子，就是羊脊椎骨，因為一塊塊形狀和蠍子很相似，俗稱「羊蠍子」。羊蠍子火鍋的誕生可以追溯到清代康熙年間。一個叫奈曼王的蒙古王爺打獵歸來，路過自家後院時聞見一陣撲鼻而來的香味。一問之下，才知道是新來的廚子正在給下人們燉吃的。他掀開鍋蓋一看，原來燉的是羊脊椎骨。王爺拿起一塊一嚐，那滋味，美啊！他細看那羊脊椎骨很像一隻舉着雙鉗的蠍子，於是給這道菜起名為「羊蠍子」。

羊肉泡饃

羊肉泡饃，古稱「羊羹」，是在西北地區生活的各族人民所喜愛的一道日常美食。羊肉泡饃的製作方法是：先將優質的羊肉洗切乾淨，加葱、薑、花椒、八角、茴香、桂皮等佐料煮爛，湯汁備用。饃，是一種白麵烤餅。在吃羊肉泡饃時，先將饃掰碎成黃豆般大小放入碗內，然後在碗裏放一定量的熟肉、原湯，並配以葱末、香菜、黃花菜、黑木耳、料酒、粉絲、鹽等調料。

羊肉串

維吾爾族將烤肉稱為「喀瓦普」，由於烤的方式不同，其種類也有所不同。其中烤羊肉串是最受歡迎的一道風味小吃。烤羊肉串是將肉切成薄片，穿在細鐵釺子上，然後均勻地排放在烤肉爐上，撒上鹽、孜然、辣椒粉，上下翻烤幾分鐘便可食用。

第二餐

廚師的魔法

　　每一個民族的人民在烹飪食物時，都有一些獨特的辦法。他們利用大自然中的風、植物、石頭，以及生活生產中必備的鹽，像魔法師一樣，變化出各種令人垂涎欲滴的美食。

風的傑作

　　藏族人用風來「烹飪」牛羊肉。

　　風乾肉，是一種非常有特色的西藏食品。每年年底，藏民們將牛羊肉割成小條，掛在陰涼處，讓其自然風乾，到來年二三月份便可食用。經過風乾之後，牛羊肉變得肉質鬆脆，口味獨特。

Q&A

西藏的風為甚麼能夠在兩三個月內就將生肉吹熟、吹乾？

這主要是由於西藏特殊的地理條件：

(1) 青藏高原海拔高，終年低溫。在這樣的環境下，生肉不易腐爛。

(2) 青藏高原在每年 11 月到次年 4 月為風季，此時氣候乾燥、多大風。在這樣的時節，肉風乾的速度極快，肉乾就不會硬韌難嚼。

風乾肉是這樣做的。

風乾肉做好啦。

植物的染缸

壯族愛用不同的植物來為食物增色。

五色糯米飯是壯族的傳統風味小吃，因為有黑、紅、黃、白、紫五種色彩而得名。每年到了清明節、農曆三月初三、端午節等傳統節日，壯族的家家戶戶都會準備五色糯米飯，象徵吉祥如意、五穀豐登。

我們常吃的糯米都是白色的，那這其餘四種顏色的糯米是怎麼來的呢？

原來，它們是把糯米分別放入楓葉、黃花、紅藍草等植物的汁液中浸泡並蒸煮得來的。楓葉可以浸泡出黑色的汁液，黃花可以浸泡出黃色的汁液，而紅藍草可以同時浸泡出紅、紫兩種顏色的汁液。

利用純天然的植物來給糯米「染色」，不僅使糯米飯色澤鮮豔、味道香甜，而且還有一定的藥用價值，真是既美觀又健康！

壯族人以糯米飯的顏色是否鮮豔、味道是否香甜來判斷女主人是否是巧婦。所以每到節日，主婦們天未亮就開始蒸煮泡好的五色糯米。到了早上，孩子們便拿着各色的糯米糰邊走邊吃，比誰的更鮮豔、更香甜。

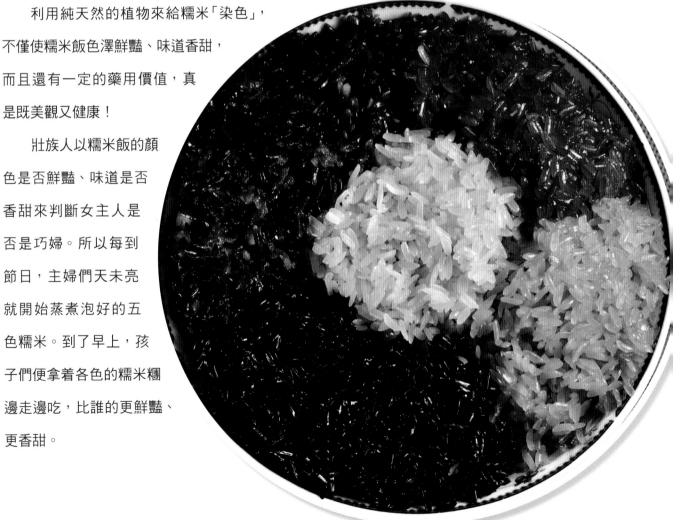

五色糯米飯的傳說

關於五色糯米飯，在壯族的民間有這樣一個動人的傳說……

從前，有個壯族青年叫特儂，他的父親早逝，他與癱瘓在牀的母親相依為命。特儂非常孝順，怕母親一人在家煩悶，就背着母親去幹活。每一次他都帶着一大包母親最愛吃的糯米飯放在她身邊，讓她餓了隨時可以吃。不巧，這一舉動被山上的猴子看到了，猴子趁着特儂去砍柴的機會，悄悄溜到母親身邊，把糯米飯搶走了。母親無法動彈，只能眼睜睜地看着猴子搶走糯米飯。一連幾天如此，特儂看着餓極了的母親，無奈地扯着身邊的楓葉，卻又想不出甚麼辦法來。猛然間，特儂發現自己掐楓葉的手黑漆漆的，原來是被黑色的楓葉汁染黑了。這時，他靈機一動，立即把樹上的楓葉割回家，放到石臼中舂成泥狀，用水浸泡一天一夜，得出黑色的汁液，再將糯米放到黑汁液中浸泡一晚。第二天早上將黑色的糯米撈起蒸煮，頓時一股清香瀰漫全屋。母親在屋裏喊：「特儂，甚麼東西這麼香啊！」特儂興奮地說：「這是黑色糯米飯，多香多甜啊！」這一天正是農曆三月初三。

清晨，特儂帶着母親上山砍柴，他用芭蕉葉包着黑色糯米飯，故意露出一點黑乎乎的顏色。猴子看見了，以為是毒藥，碰也不敢碰，便逃之夭夭了。這一天，特儂吃了黑色糯米飯，口不乾不燥，還覺得渾身是勁，砍的柴也更多了。從此，特儂和母親上山砍柴，都帶着黑色糯米飯。後來，大家都學特儂，家家戶戶做黑色糯米飯。再後來壯族人又學會了用不同植物做成各種顏色的糯米飯，最後就演變成了如今的五色糯米飯。

考考你

如果請你來做五色糯米飯，你知道下面這些植物分別對應了五色中的哪些顏色嗎？

瘋狂的石頭

台灣高山族的阿美人，用烤熟的石頭做鍋，這種石鍋烹調就叫作「石食法」。

「石食法」火鍋源自祖先古法，最重要的石材是蛇紋石，以柴燒石頭近一小時，將石頭燒至三四百攝氏度，再以石材作熱源投入竹桶，直接煮熟其他食材，不到五分鐘就能品嚐食物。

石頭火鍋做法簡單原始，舉凡食材、容器、飲具、湯勺都就地取材。阿美人從前出外狩獵、工作時，只要帶上一包鹽巴，利用簡單的食材，就能煮出一鍋美味的菜餚。

阿美人

阿美人，是高山族的一個支系。阿美人是母系社會，家族事務是以女性為主體並由女性負責，家族產業之繼承以家族長女與其他女性為優先。

石子饃

石子饃是陝西民間的傳統風味小吃，被稱為「美食中的活化石」，因為它被認為具有明顯的石器時代「石烹」遺風。

實際上，石子饃的製作原理跟阿美人的石頭火鍋類似，都是利用石頭加熱後的熱能將食物煮熟。

它是人們將餅坯放在燒熱了的石子上烙製成的，故而得名。

千年等一「腿」

雲南白族人用天然井鹽來製作美食。

每到冬季殺豬後，人們把新鮮豬腿晾放一到兩天，撒上玉米酒後，用手在豬腿上均勻地抹上鹽，並且邊抹邊搓，使豬腿充分吸收鹽分，然後再抹一層鹽，用手輕拍後把豬腿放入缸內醃15～20天，再抹上一層鹽和一層灶灰，然後懸掛在陰涼通風的地方至少半年。據說，存放的時間越久，味道越好。

據白族人說，諾鄧火腿從生產到製成出售，以三年為佳，因為那時候的火腿口感最好，可以即刻生吃。

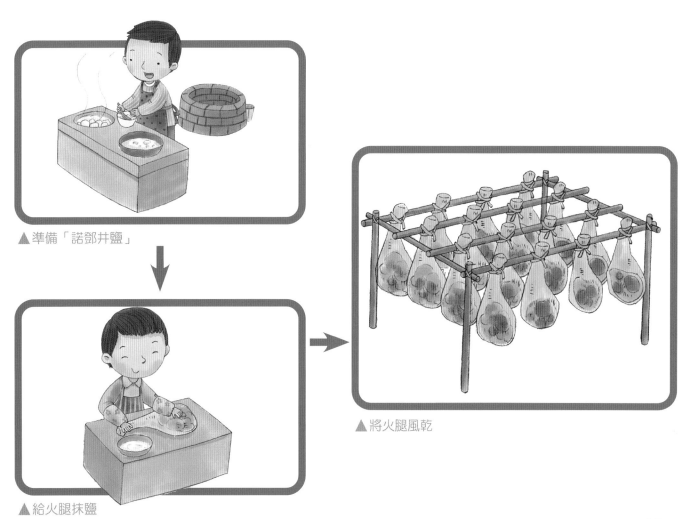

▲ 準備「諾鄧井鹽」

▲ 給火腿抹鹽

▲ 將火腿風乾

▲ 火腿

諾鄧火腿之所以美味，首先得益於有着千年歷史的諾鄧天然井鹽。

過去，鹽就是諾鄧的「命根子」。雲南省大理白族自治州雲龍縣諾鄧古鎮作為鹽馬古道的中心，是有名的鹽鎮。諾鹽採用傳統的工藝加工精製，人們在古老的鹽井旁支起鐵鍋，熬製大塊的諾鹽。

當地人認為雨水太多會稀釋鹽井中的鹽分，所以他們常在旱季裏熬鹽。自然賦予諾鄧的天然鹽井，養育了一代代諾鄧人，也造就了名揚天下的諾鄧火腿。

想一想

隨着諾鄧火腿聞名全國，食客們慕名而來。但是，諾鄧火腿的現實問題也隨之而來了，因為製作工藝的特殊，這種火腿產量很低。用於醃製的鹽鹵來自村子裏的一口千年鹽井，諾鄧人恪守着雨季不熬鹽的傳統，只在久旱無雨時才舀水熬鹽。這種熬鹽的方法，導致鹽產量極低，但這種看似原始而單一的手法恰恰保證了諾鄧火腿的質量。

究竟是為增加產量而大量採鹽，還是繼承傳統的火腿生產方式？

如果你是諾鄧人，你會怎樣選擇？

我要「鹽」！

我要「錢」！

第三餐

味蕾的舞蹈

中國人在食品加工中善於使用各種食材和調味品，酸、甜、苦、辣、鹹等不同的味道帶給我們的味蕾以不同的刺激。餐桌上的美味就如同是一個個在味蕾上跳躍的舞者。

粘牙的幸福

如果用一種味道來形容幸福，你會想到甚麼？對，就是甜。中國人用「甜」來表達一種愉快的感受，而滿族同胞愛吃的一種甜點正好表達了這種情緒。

薩其馬是滿族的一種食物，原意是「狗奶子蘸糖」。它是將麵條炸熟後，用糖混合後切成的小塊。滿族入關後，薩其馬因為鬆軟香甜、入口即化的特點，深受人們喜愛，成為北京著名的京式四季點心之一。

薩其馬雖然好吃，但是它的熱量較高（脂肪含量約54%）。1塊薩其馬的熱量大約是7個蘋果的熱量。

薩其馬的趣味傳說

相傳，清代有一位薩姓滿族將軍，喜愛騎馬打獵，而且每次打獵後都會吃一點點心，還不能重複！有一次薩將軍出門打獵前，特別吩咐廚師要「來點新的玩意兒」，若不能令他滿意，就重重處罰。負責製作點心的廚子聽了，做點心時一個失神，把沾上蛋液的點心放進油鍋裏炸碎了。

偏偏這時將軍又催要點心。廚子一火，大罵一句：「殺那個騎馬的！」才慌慌張張地端出點心來。想不到，薩將軍吃了後相當滿意，他問這點心叫甚麼名字。廚子隨即回答一句「殺騎馬」。結果薩將軍聽成了「薩其馬」，因而得名。

名貴的點心

有人考證，「薩其馬」是滿語的音譯。「薩其」和「馬」分別是「薩是非」「馬拉本壁」的縮音，含有「切」的意思，因為「薩其馬」屬於一種「切糕」，再加上「碼」的工序，即切成方塊，然後碼起來。

而維吾爾族人的「切糕」比起薩其馬來，則更為名貴。「切糕」即瑪仁糖，是維吾爾族的一種傳統特色食品，選用核桃仁、玉米飴、葡萄乾、葡萄汁、芝麻、玫瑰花、巴旦杏、棗等原料熬製而成。因出售時一般用刀從大塊瑪仁糖上切下小塊，因此又被稱作「切糕」。

之所以要製作這麼昂貴的甜點，是因為新疆是國內外商隊往來的重要交通樞紐，也是很重要的食物補給站。為適應商人們的長途旅行，人們便製作出能長久保存、便於攜帶、富含人體所必需的各種營養成分的食品。

酸的誘惑

在我國西南地區，由於歷史上缺少食鹽作為調料，且氣候潮濕，而酸則利於消化、增進食慾，所以大多數的少數民族都喜歡吃酸，並且各有特色。家家戶戶都少不了幾個酸罈子，比如酸水罈、醋水罈、醃菜罈、醃魚罈、醃肉罈等。在這些地方流傳着一句民謠，叫「三天不吃酸，走路打倒躥」。

嗜酸的人們可不滿足於只是醃製蔬菜，豬、牛、雞、鴨、魚、蝦等都能成為酸罈子裏的美食，而且是開罈即食！第一次嘗試的你可能會猶豫地舉着筷子，而無酸不歡的西南人早就眼睛發亮了。

你如想做酸菜來吃，知道要在農場裏取走哪些食材嗎？

19

苗族、侗族的酸湯魚

酸湯魚是苗族、侗族菜系中有名的酸食，而提到酸湯魚就不得不提到酸湯。

酸湯根據原料不同，可以分為白湯（以米湯為原料）和紅湯（以番茄為原料）等。因此，我們在苗族人、侗族人家裏總能看見很多罈子。

▲ 辣白菜

朝鮮族的辣白菜

辣白菜是朝鮮族的傳統醃製食品。它用魚醬、辣椒、蒜等佐料配製而成，是朝鮮族餐桌上不可缺少的主要開胃菜，四季皆宜。

東北的酸菜

每年入秋之後，東北地區的家家戶戶便開始晾曬白菜。他們將罈子洗淨，然後放入白菜，盡力壓實，並且每隔兩三層撒一把鹽；之後，用清水注滿罈子，在白菜上壓一塊大石頭。一個月後，東北菜中不可缺少的美味酸菜就誕生了。

Q&A

北方人喜歡吃酸，也是因為氣候潮濕嗎？

不是的。北方人醃製酸菜主要是為了保存蔬菜。在寒冷的北方，入冬後蔬菜種類變少，所以保存蔬菜成為他們的一項重要工作。每到這時，家家戶戶都會互相幫忙，製作醃菜準備過冬。

在過去，如果不提前為冬天做準備，只顧着秋天豐收的快樂，北方人就可能會在冬天的時候餓肚子了。

比誰能吃苦

提到「苦」，很多人都會皺起眉頭，這可絕不是讓人一見傾心的味道。然而在美麗的西雙版納，卻有一個能吃「苦」的民族——基諾族，讓我們一起去看看吧！

基諾族人愛吃苦食，如苦瓜、苦筍。

苦筍是筍類家族中奇妙的一員，它「筍」如其名，口感脆嫩、味道清苦，而之所以說它奇妙，是因為如果你細細品味，又會在苦味後感覺到甘甜。

宋代文學家、詩人蘇東坡曾稱讚苦筍「待得餘甘回齒頰，已輸岩蜜十發甜」；陸游還親自烹製苦筍，還寫下了「薏實炊明珠，苦筍饌白玉」的詩句。

除了做菜，苦筍還可以入藥。李時珍曾在《本草綱目》中記載：「苦筍味苦甘寒，主治不睡、去面目及舌上熱黃，消渴明目，解酒毒、除熱氣、益氣力、利尿、下氣化痰，理風熱腳氣，治出汗後傷風失聲。」可見，苦筍還是醫食俱佳的多面手呢！

連一連

除了苦筍之外，還有許多苦的食物也具有醫學價值。看看下面這些食物能帶來哪些功效？

苦瓜　●　　　　　　　　●　清熱解暑，明目解毒

杏仁　●　　　　　　　　●　降低膽固醇

蓮心　●　　　　　　　　●　止咳平喘，潤腸通便

萵苣　●　　　　　　　　●　止腹痛，止出血

芥藍　●　　　　　　　　●　清心安神

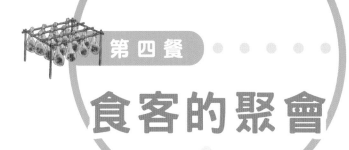

第四餐

食客的聚會

在中國，「吃飯」絕不僅僅是一個人的舌尖舞蹈，更是人們情感交流的一種行為。

最長的餐桌

哈尼族會在「昂瑪突」節的第二天，準備好豐盛的風味菜餚和酒，擺在街心，家家戶戶的桌子相連，形成了中國最長的宴席。「昂瑪突」是哈尼族每年春耕開始前（一般在一月中旬）舉行的一種祭祀活動，祈求來年風調雨順，五穀豐登，人畜平安。隨着時代的發展，這一活動已成為哈尼族最盛大的節日。

這一天，男女老少都會穿着節日的盛裝趕來赴席。入席時，主持人，也就是龍頭，坐在首席，其他人可以根據性別、年齡和興趣自願圍坐在一起。各家上菜時都要先端到龍頭前請他品嚐，並且接受龍頭的祝酒。龍頭會把各家的菜餚撥出一部分堆在一起，然後分到各處，這種混合在一起的菜餚反映了全寨人的同心協力。遇到遊人，哈尼人會拉他一起入席，熱情款待。每年參加長街宴的人數約有 4000 人，大家一起吃菜、喝酒、互相祝福，其樂融融。

分餐制與合餐制

在西方，人們習慣將餐具和菜分為一人一份，實施分餐制。不僅在正規西餐中如此，在麥當勞等快餐中也如此。

在中國，我們習慣和家人、朋友一起吃飯。長街宴就是這種合餐制的最典型代表。

想一想

這兩種吃飯的方式有甚麼優點和缺點？它們背後又包含了甚麼樣的中西方文化觀念？

分餐制

優點：_____

缺點：_____

體現了甚麼文化觀念：

_____

_____

合餐制

優點：_____

缺點：_____

體現了甚麼文化觀念：

_____

_____

最特別的餐具

　　刀叉是西方人吃飯時的餐具，而東方人，尤其是中國人的餐桌上必不可少的是碗筷。可是你知道嗎？中國並非所有地方都用碗筷做餐具，人們有時會就地取材，用你意想不到的東西盛放食物！

綠葉「碗」

　　「綠葉當碗手抓飯，燒炸舂烤味道香，山珍野味樣樣有，涼拌鬼雞辣得爽；竹筒舂菜拌葱香，火燒乾巴脆又香，竹葉包肉最獨特，讓你回歸大自然⋯⋯」順着婉轉動聽的歌聲，在青翠欲滴的翠竹之間，景頗族的綠葉宴就要開始了。

　　綠葉宴沒有鍋碗瓢勺，餐具都用翠竹和綠葉做成，既古樸又帶點野性。每個人面前都有一個用芭蕉葉包裹、麻繩繫緊的綠色「包裹」，打開「包裹」，裏面有噴香的糯米飯、山菜和野味，碧綠的飯菜加上醇香的米酒，好客的景頗族同胞很好地詮釋了甚麼是純天然。

竹筒「碗」

竹筒飯是哈尼族、拉祜族、布朗族、基諾族等民族經常食用的主食。人們上山勞動或外出狩獵時，常砍下一節新鮮竹子將米裝進其中，加上適量泉水，放在火塘上燒煮。待米飯煮熟後，將竹筒連飯砍成兩半，各端一半食用。那竹節不僅代替了鍋，也代替了碗。

香糯竹是用來燒製竹筒飯的最好竹子，是雲南特有的珍貴稀有竹種。它含有豐富的維生素、有機元素和微量元素，特別是人體必需的各種氨基酸，具有特殊的天然香味；特有的香竹黃酮更具有抗衰老、美容養顏等自然保健功效。

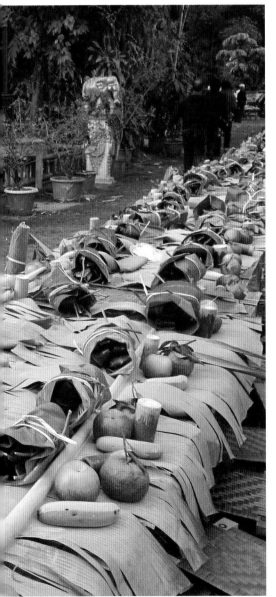

想一想

　　綠葉飯和竹筒飯無疑都是綠色食品。然而，並非綠色的食品就是綠色食品，只有無污染、無公害、安全、優質、富於營養的才是綠色食品。

　　讓我們來學會辨認兩種中國綠色食品的標誌。綠色食品標誌由三個部分構成：上方的太陽、下面的葉片和中間的蓓蕾。綠色食品分為兩個級別，下面左圖是 AA 級，表示禁止使用限定的化學合成物；右圖是 A 級，表示允許限量使用。

綠色食品 GreenFood

绿色食品

最受歡迎的「飲料」

在中國的餐桌上，共同舉杯是一個常見的景象。杯中一般放哪種飲料呢？在少數民族朋友們的心目中，酒和茶是當之無愧的「飲料」首選。

無酒不成席

地上沒有走不通的路，江河沒有流不走的水，彝家沒有錯喝了的酒！每逢宴席，熱情的彝族人一定會這麼勸你！

彝族待客喝酒時有一種奇特的方式，即喝「轉轉酒」。主人先給入座的賓朋斟半碗酒，傳遞給左邊的人，每位接酒的客人只能用右手接，然後傳給席中年紀最大的人先喝，以示敬老。緊接著按順序每人都喝一口酒，直至飲盡這頭碗酒。這樣，一碗喝完，再斟一碗，一輪結束，又起一輪，一醉方休。

「轉轉酒」的傳說

這個習俗，據說來自一個動人的傳說：在一座大山中，住著漢族、藏族和彝族三個結拜兄弟。有一年，三弟彝族人請兩位兄長吃飯，吃剩的米飯在第二天變成了香味濃郁的米酒，三兄弟你推我讓，都想將酒留給其他兄弟喝，於是從早轉到晚，酒也沒有喝完。後來神靈告知只要辛勤勞動，酒喝完後，還會有新的酒湧出來，於是三人就轉著喝開了，一直喝得酩酊大醉。

與彝族的「轉轉酒」不同，想要進入<u>苗族</u>的山寨做客，就得通過層層考驗了。

第一關：攔路酒

還沒到寨口，你就會聽到笙和鼓的聲響，以及人們歡樂的歌聲。原來，熱情淳樸的苗族朋友已經來到寨口歡迎了！盛裝打扮的苗族男女在寨口設卡列隊、載歌載舞，準備攔路勸酒。這就是苗族酒文化中的重要組成部分—攔路酒。

攔路酒少則一到三道，多則十二道，往往是客人還沒到主人家，就已經酒酣，如此熱情，無法抵擋！

第二關：對酒歌

苗族在宴飲和敬酒時，有唱酒歌的習俗。酒歌有兩種形式：一種是敬酒人在敬酒時唱一段，表達祝福和讚美，唱給誰，誰就要喝酒；另一種則是對唱，兩人一唱一答，輸了的就要喝酒。

其中，獨具特色的要數苗家婚嫁時唱的酒歌。婚嫁時，男女雙方要請歌師到女方家對唱，一般要唱一天一夜。這時的酒歌分為 9 個部分，有 3000 多句，包括了迎客、介紹風俗、介紹男女雙方戀愛經過、教導雙方相親相愛、表達謝意等很多內容。直到唱完這一天一夜，雙方道別，接親的隊伍才能把新娘子接回新郎家！

寧可無飯，不可無茶

中國的很多少數民族都熱衷於喝茶。藏族就有諺語說：飯可以一天不吃，但茶卻不能一頓不喝。

藏族有多種喝茶的方法：

第一種：放入草果、薑片、花椒，可以治療傷風頭痛。

第二種：將鮮奶加入已經煮好的茶汁中加熱，茶味鮮中帶甜，可以補充營養。

第三種：在茶水中加入紅糖，有利於產婦保健。

第四種：酥油茶。酥油是從牛奶、羊奶中提煉出來的。其具體做法是：將奶汁稍微加熱，然後倒入大木桶內，攪拌至油水分離，將上浮的黃色脂肪舀起並冷卻，即為酥油。

基諾族的涼拌茶

雲南基諾族的主要居住地是基諾山，當地盛產普洱茶，是著名的普洱茶產地之一，所以基諾族家家戶戶飲茶，有深厚的茶文化。我們喝茶通常都是用沸水沖泡，而基諾族人卻對一種涼拌茶情有獨鍾。

涼拌茶是一種古老的飲茶方法，相傳有上千年的歷史。基諾族人將剛採來的鮮嫩茶葉揉軟搓細放入大碗中，倒入清泉水，然後將黃果葉、酸筍、大蒜、辣椒、鹽巴等配料也倒進去攪拌均勻，這樣就做成了他們最喜愛的「拉撥批皮」（漢語「涼拌茶」）。

◀基諾族的涼拌茶

白族的三道茶

三道茶是雲南大理白族招待貴賓的一種飲茶方式。早在明代，這就是白族待客交友的禮儀。三道茶一共分為三杯，有「頭苦、二甜、三回味」的特色。

第一道茶叫作「清苦之茶」，意思是「要立業，先吃苦」。所用原料為大理特產的沱茶。這道茶只有小半杯，讓人小口品嚐。

第二道茶叫作「甜茶」，意思是「人生在世，只有吃得苦，才有甜」。這道茶用紅糖、乳扇、桂皮作為佐料，沖入清淡的茶水做成。它的茶杯比第一道茶的大，客人可以喝個夠。

第三道茶叫作「回味茶」，意思是「凡事要多回味」。其煮茶方法相同，只是茶盅內放的原料已換成適量蜂蜜、少許炒米花、若干粒花椒、一撮核桃仁，茶容量通常為六七分滿。

食在中國

中國是講究「吃」的國度。在中國，不分民族，不分老少，人們都對美食懷有一份熱情。

「吃」的中國遊

從前，少數民族的飲食特色在古代的絲綢之路和茶馬古道上傳播，現在這些獨具魅力的美食正在通過更便捷的方式走向全中國。

尋找民族美食

首都北京是各民族美食的匯聚地。在北京，你會發現許許多多的民族美食。比如：滿族的豆汁兒、薩其馬；維吾爾族的羊肉串；貴州苗族的酸湯魚；壯族的桂林米粉……

在你的家鄉，你能找到一些獨特的民族美食嗎？

美食走四方

很多民族飲食的烹飪方法已經廣為傳播，比如：用荷葉包裹的、用石鍋加熱的……除了這些之外，你還知道哪些特別的民族烹飪方式呢？

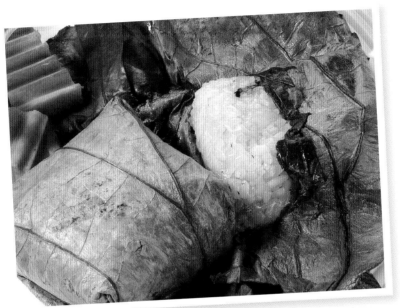

▲ 糯米雞

▲ 石鍋豆腐

「吃」的中國禮儀

雖然地域不同，民族不同，人們的飲食習慣也不同，但是，對於中國人而言，各地的飲食文化是有許多共通之處的，「禮」就是其中最明顯的一點。各民族的飲食文化當中，蘊含着許多有意思的「禮」。

酒桌上的禮儀

蒙古族熱情好客，宴飲必備各種酒，主人和客人都必須暢飲，他們認為，「客醉，則與我一心無異也」。

蒙古族一般敬酒禮儀為：敬酒者身着蒙古族服裝，站到客人對面，雙手捧起哈達，左手端起斟滿酒的銀碗，唱起祝酒歌，歌聲將結束時，走近客人，低頭、彎腰、雙手將酒杯舉過頭頂、示意敬酒；客人接過銀碗，退回原位；不能飲酒的客人，要微笑表示謝意，以右手無名指沾酒，敬天（朝天）敬地（朝地）敬祖宗（沾一下自己的前額）。

平日的餐桌上，我們有哪些禮儀？

(1) 吃飯時，位子怎麼坐？

(2) 夾菜時要注意甚麼？

(3) 有人幫忙盛飯時，應該說甚麼？

(4) 吃飯時，怎麼說話才是得體的？

(5) 除此之外，還有哪些注意事項呢？

我的家在中國・民族之旅 ③

抗拒不了的
舌尖誘惑 | 民族飲食

檀傳寶◎主編　班建武◎編著

責任編輯：鍾昕恩
裝幀設計：龐雅美
排　版：張詠心　鄧佩儀
印　務：劉漢舉

出版 / 中華教育

香港北角英皇道 499 號北角工業大廈 1 樓 B
電話：（852）2137 2338
傳真：（852）2713 8202
電子郵件：info@chunghwabook.com.hk
網址：https://www.chunghwabook.com.hk/

發行 / 香港聯合書刊物流有限公司

香港新界荃灣德士古道 220-248 號
荃灣工業中心 16 樓
電話：（852）2150 2100
傳真：（852）2407 3062
電子郵件：info@suplogistics.com.hk

印刷 / 美雅印刷製本有限公司

香港觀塘榮業街 6 號
海濱工業大廈 4 樓 A 室

版次 / 2021 年 3 月第 1 版第 1 次印刷
©2021 中華教育

規格 / 16 開（265 mm x 210 mm）